CAT CASTLES
20 CARDBOARD HABITATS
YOU CAN BUILD YOURSELF

CAT CASTLES
20 CARDBOARD HABITATS
YOU CAN BUILD YOURSELF

手作りネコのおうち

カリン・オリバー

山田ふみ子　訳

X-Knowledge

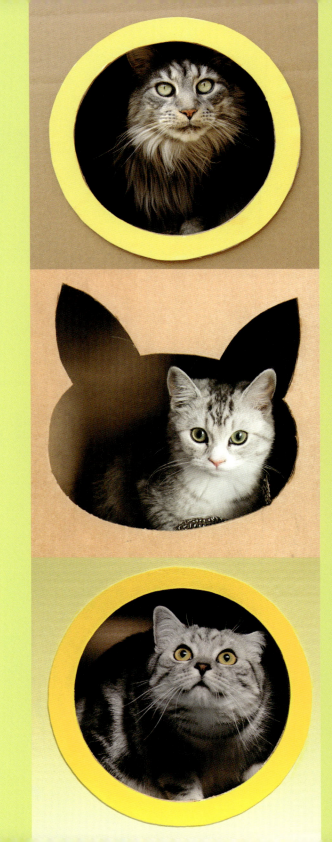

CONTENTS

6	**INTRODUCTION**
8	道具と材料
12	基本の作業
16	**PROJECTS**
20	お城
24	飛行機
28	猫のねぐら
30	フードトラック
34	うずまき爪とぎ
38	海賊船
42	ピラミッド
44	とんがりテント
48	お昼寝用の土管
52	寝椅子
56	わくわくボックス
60	猫のおうち
62	ロケット
66	ぶら下げられる爪とぎ器
68	じゃばらトンネル
72	機関車
76	幾何学ポッド
80	階段みたいなおうち
84	段ボールの爪とぎポール
86	潜水艦

登場してくれた猫たち

索引

クレジット・謝辞

猫は自分にとって何が必要なのか、ちゃんと分かっています。自分専用の小さなスペース、自分の縄張りを見渡せる高い場所、そして居心地がよくてからだを思いっきり伸ばせるお昼寝の場所──。「昼寝やうたた寝をする」「のんびりくつろぐ」「うとうとまどろむ」「ごろごろだらだら過ごす」……からだを休めてリラックスしたり、気軽にぶらぶらしたりするのはお手の物。ですが、工作は得意ではありません。そこであなたの出番です。

INTRODUCTION
➤➤➤ はじめに

猫と暮らせばわかること、
それは猫がくつろぎの名人だということ。

この本では、キャットハウスや寝椅子、猫グッズの作り方を紹介しています。自分と猫の好みでカスタマイズできる手作りの猫グッズには、ペットショップで販売されている猫グッズに勝るたくさんのメリットがあります。家にある材料を使うことで節約にもなりますし、自分の手で作っているという喜びを感じることもできます。何より、あなたと猫にぴったりの、世界にひとつしかないオリジナルグッズを作ることができるのです。

　猫との絆を深め、猫のことをもっとよく知る良い方法。それは、猫のために何かを手作りすること。あなたの猫にとって、理想的なお気に入りの場所を作るには、からだの大きさなど物理的な要素だけでなく、性格の特徴や好みなどを考慮しなければなりません。たとえば、暗いところと積み重ねた箱の上、どちらで寝るのが好きなのか……といった具合に。一通り完成したら、猫自身に居心地を試してもらい、入口を大きくしたり、窓を開けたり、クッションを足したり、というように必要に応じて手を加えていくとよいでしょう。本書で紹介した物をいくつか作っているうちに、きっとあなたにもアイデアが浮かんでくると思います。その時はぜひ、あなたの考えた設計で、猫のお城を作ってみてください。

猫との関係はいつから？

　猫と人間の付き合いが始まったのは、何千年も前のことです。猫と人間がはじめて関わったのは、人々が穀物を栽培・貯蔵するようになった頃だと言われています。穀物を狙うネズミを追いかけ、猫は人間の社会へとやって来たのです。猫は、ネズミの駆除役として活躍しました。実利的な縁から始まった人間と猫との関係ですが、今は違います。飼い猫のほとんどは、何もしなくても餌をもらえる優雅な生活を送っています。もちろん飼い主への見返りがないわけではありません。実用性は劣りますが、人々が必要としているもの———癒し、ふれあい、そして愛を猫たちは人々に与えてくれます。

▶▶ 猫も人間も満足する猫グッズをつくる5つのポイント

1　猫の好むサイズを知る
＝　工作を始める前に、入口を切り抜いたサイズの異なる3つの箱を用意し、「猫が入りたくなる箱の大きさ」を確認しましょう。さらに猫が選んだ箱に、大きさの異なる穴をいくつかあけて、「猫が好む入口のサイズ」も確認しておくとよいでしょう。

2　丈夫な素材を使う
＝　とくに大きな猫を飼っている場合には、重い物の梱包に使われる2層タイプの段ボールを使うのがおすすめです。

3　安全性を考える
＝　完成した猫グッズに飾りなどをつける場合、グリッターやスパンコール・ビーズなど、猫が飲み込んでしまうおそれのあるものは使わないようにしましょう。

4　見た目はあなた好みに
＝　猫の目は人間のように色を識別できません。つまり、部屋のソファの色と新しい隠れ家の色の調和がとれているかは、気にしていないのです。猫グッズの飾り付けはあくまでも飼い主のためのもの。あなたの好みに合わせてカスタマイズしてください。

5　+α が居心地のよさを生む
＝　完成したものにブランケットやクッション、お気に入りのおもちゃを1つか2つ加えれば、猫がゆったりとくつろげる空間が生まれます。

TOOLS AND MATERIALS
⇢ 道具と材料

　この本で紹介しているキャットハウスを作るために必要な道具・材料は、どれも手頃な値段ですぐに手に入る物ばかりです。おそらくもうすでに大半の材料は家の中に揃っているのではないでしょうか。足りないものはホームセンターやクラフトショップで探してみましょう。すぐに見つかるはずです。

▌本書で使用している材料

段ボール
　キャットハウスを作るのに一番重要な材料です。インターネットやホームセンターなどで購入できます。家にある段ボール箱を切っても構いません。

ボール紙（厚紙）
　段ボールよりも厚みのない板紙（断面に波形の構造がないもの）が必要なときは、ボール紙が便利です。文房具店などで販売されている厚手の紙や贈答品の箱、またはシリアルなどの食品の紙箱を切り開いて使ってもよいでしょう。

段ボール／箱
　蓋付きの収納ボックスから特大サイズの梱包箱まで、段ボール箱はキャットハウスの土台にうってつけです。ほんの少し手を加えて、ほんのちょっと創造力を働かせて、それに合った飾り付けをすれば、丈夫でわくわくする形の建物や乗り物が簡単に作れます。まずは目につく箱を手当たり次第集めるか、近所のホームセンターでまとめ買いするところから始めましょう。ただし、キャットハウスの土台となる箱は、必ず猫が中でゆっくりとくつろげる大きさのものを選んでください。

小さめの紙箱
空になったティッシュペーパーの箱や食品用の紙箱は、飾りや手の込んだ作りを加えるのにもってこいです。ただし、箱についているプラスチックなど、猫が口に入れるとよくない材質のものは必ず取り除きましょう。

ボイド管・紙管
ボイド管は主にコンクリートを流し込んで固めるための型枠材。筒型の遊び場を作るのにも最適な素材です。これを使えば、平らな段ボールで筒を作ろうとして失敗する心配もありません。インターネットや大型のホームセンターで購入できます。猫が中に入れるほど大きくなくてもよければ、トイレットペーパーの芯や郵送などに使う紙管でもいいでしょう。こちらもいろんな使い道があります。

サイザルロープ・麻紐
猫が爪を砥ぐのは、爪の状態を保ち、からだを伸ばしてストレッチをするためです。サイザルロープや麻紐は、クラフトショップやホームセンター・インターネットで手軽に購入できるうえ、天然の繊維なので猫が爪を砥ぐのに適しています。購入の際は、着色加工やオイルコーティングのされていないものを選びましょう。

より糸
使い道が多く、猫が遊ぶものを作るのにもとても便利です。これも、サイザル麻などの天然繊維のものを選んでください。

竹串
近所のスーパーですぐに手に入ります。サイズも長いものから短いものまでさまざまです。

木の丸棒
竹串より太くて丈夫、サイズも豊富です。ホームセンターなどで手に入ります。

合板
段ボールやボール紙よりも丈夫な骨組みを作りたいときに使います。ホームセンターなどで手に入る合板は、加工もしやすく値段も手頃です。

テープ・マスキングテープ
段ボール箱の蓋や底を閉じるために使うような帯状の接着材料をテープと呼びます。また本書では、接着するパーツを接着剤が乾くまで仮留めしたりするのに使う粘着力の弱いテープをマスキングテープと呼び、図中では青色で示しています。

無害な接着剤、のり
キャットハウス作りに使う接着剤は、使い方も簡単で固まるのも早いグルーガンがおすすめです。使用するグルースティックは、なるべく無害なものを選びましょう。接着箇所からはみ出した接着剤のかたまりは、猫が食べてしまわないよう必ず取り除いてください。本書内では、無害な木工用ボンドを材料に指定している作品もあります。このほか、飾り付けや色画用紙の貼り付けには、無害なクラフトのりやスティックのりを使いましょう。

太めの針金
ハンガーの針金を再利用するか、もう少し細いものがよければ、ホームセンターでちょうどいい太さのものを選びましょう。

鉛筆
細く尖った鉛筆は、線を引いたり切る場所に目印をつけたりと、手元に2〜3本あれば何かと便利です。

水性のマーカーペン
細かい絵や模様を描くのに適しています。水性の無害なものを使ってください。

水性絵の具
水性の無害な絵の具で段ボールを塗るのもいいでしょう。色の種類も豊富です。

包装紙や折り紙・色画用紙など

用紙
色画用紙や包装紙、折り紙にはさまざまな色と柄があり、どれもすぐに手に入ります。紙なら短時間で簡単に飾り付けできるので、キャットハウスのデコレーションにはぴったり。マーカーペンで何時間もかけて模様を描く必要もなく、絵の具で塗って失敗する心配もありません。

フェルト
色とりどりのフェルトで飾り付けすれば、より温かみのある居心地のよいキャットハウスが出来上がります。

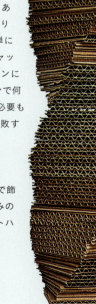

工作に必要な道具・あると便利な道具

長めのステンレス定規

工作を成功させるコツは、長さを正確に測ることです。とくに2つの部屋をつなぐ出入口を作るときは、猫がちゃんと通れるようにサイズをしっかり測りましょう。

巻き尺

大きなキャットハウスを作っているときや、周囲、角、隅などの長さを測りたいときは、定規よりも巻き尺の方が便利です。

カッターナイフ

段ボールの板や箱を切るにはカッターナイフを使いましょう。刃が鋭いので、使う際は気を付けてください。

のこぎり

いろんな太さの木の棒を切るには、のこぎりが最適です。扱いには十分注意し、作業は必ず頑丈で安定した台の上で行ってください。

グルーガン

使い方が簡単で、狙ったところに接着剤をつけられるので、失敗が少なくて済みます。ミニタイプで値段の手頃なものは、手芸用品店や画材用品店などで手に入ります。中から出てくる接着剤は熱いので、グルーガンの先端が肌に触れないように気を付けてください。また、子どもが使うときは、必ずそばで見ていてください。使用後は必ずコードをコンセントから抜き、手の届かない安全な台の上で冷ましてください。接着剤が糸を引くことがありますが、猫が食べてしまうおそれがあるので、その「糸」は放置せずに取り除いてください。

ハサミ

切れ味のよい丈夫なハサミは、ボール紙を切るのに適しています。

ワイヤーカッター

針金を切る場合には、専用の道具を使いましょう。ホームセンターで手に入ります。このほか、刃の根元にワイヤー用の切断刃が付いたペンチを使うのも手です。

ペンチ

針金を曲げたりねじったりするのに使います。とくに太い針金を扱うときは、手で曲げたり形を作ったりするのが難しいので、あると便利です。

絵筆・はけ

サイズの異なる小さめの筆が2〜3本あると便利です。色を塗ったり、のりを塗ったりするのに使います。

めん棒

ボール紙は曲げやすい素材なので、必要に応じて折ったり曲げたりすることができます。めん棒や筒状の物を使って曲げれば、平らなボール紙を丸めることもできます。

ドリルとドリルビット

84〜85ページに載っている爪とぎポールの木の土台のように、木材を使って何かを作るときには、ドリルがあると重宝します。

縫い針

ボール紙に小さな穴をあけたい場合には、縫い針があると便利です。

11 TOOLS AND MATERIALS 道具と材料

BASIC TECHNIQUES ⟫⟶ 基本の作業

この本で紹介している
キャットハウスや猫グッズは、
どれも簡単に作れるものばかりです。
作り方も始めから終わりまで
丁寧に分かりやすく説明しています。
ここでは実際に作り始める前に知っておくべき、
4つの基本のテクニックを学びましょう。

▸▸ 折り目をつけてから折る

ボール紙（特に分厚い段ボール）をきれいに折るには、少しコツが要ります。
一手間を掛ければ、最終的な仕上がりが格段に良くなります。

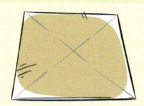  

1 折ったときに外側になる面を上にします。定規を使って、折り目をつけたいところに線を引きます。

2 長めの定規を線に沿って当てます。カッターナイフの刃を軽く当て、線に沿って浅い切れ目を入れます。裏まで完全に切ってしまわないように気を付けましょう。

3 2のボール紙を裏返し、定規を使って裏面と同じ場所に線を引きます。定規を線に沿って当てたまま上に折り曲げれば、2で切れ目を入れたところがきれいにびしっと曲がります。

▸▸ カッターナイフで切る

カッターナイフや工作用ナイフはボール紙を切るのにとても重宝します。
特にハサミで切るには大きすぎたり分厚すぎたりするものを切るのに便利です。
ただし、くれぐれも鋭い刃を扱う際は気を付けてください。

1 作業をするときはカッティングマットやボール紙の切れ端などを敷いて、台に傷がつかないようにしてください。カッター傷などを自己修復するセルフヒーリングマットがあれば理想的です。画材店や手芸用品店で手に入ります。

2 折りたたみ式のカッターナイフを使う場合は、使う前に刃がちゃんとロックされているか確認してください。けがを未然に防ぐためにも、切るときは、カッターナイフを持っていない方の手を絶対に刃の進む先に置かないでください。

3 直線を切るときは、ステンレス製の定規を使います。プラスチックや木製だと、刃が食い込みでこぼこになります。カッターナイフを持っていない方の手は定規をしっかり押さえてください。そのとき、刃で指を切らないように注意しましょう。

4 曲線や円を切るときは、切りながらボール紙を動かせば、常に刃を手前に向かって動かせるので、自分のからだをひねる必要がありません。

5 あまり力を入れず、1度で切れないときは何度かに分けて少しずつ切ります。刃は常に手前に引いてください。絶対に奥に向けて切らないでください。

6 切り終わったら、刃をしまうかカバーに入れるのを忘れないでください。

▶▶ 紙管（紙筒）を切る

紙管（紙筒）はカッターナイフや小さめののこぎりで切ることができます。定規は使えないので、まっすぐに切るためには以下の手順を踏みましょう。

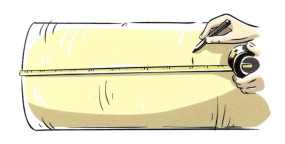

1 巻き尺を当てて切りたい長さのところに印をつけます。印が筒を一周するよう、数カ所に分けてつけましょう。

2 つけた印を1片のマスキングテープでつなぎ、まっすぐな線が筒を一周するようにします。

3 マスキングテープの線に沿って、カッターナイフやのこぎりを使って切ります。筒を一定の頻度で回転させながら切ると、常に筒の上部を切るように作業できるので、切りやすくなります。

⇢ グルーガンで接着する

材料を接着するときに何より大事なのは、接着剤が完全に固まるまで待ってから次の作業に移ることです。複数の部屋や1階と2階があるようなキャットハウスを作るときは、なおさら重要になります。

1
紙やボール紙を敷いて、作業台が汚れないようにしましょう。使っていないときに接着剤が垂れてもいいように、グルーガンの下に厚手の紙を敷いておくのもよいでしょう。

2
グルースティックを本体に差し込み、説明書きの手順に沿って電源を入れます。グルーガンが十分に温まるまで待ってから使います（目安は5〜10分程度）。

3
接着したい場所のすぐそばでグルーガンを構え、ゆっくりと引き金を引き、グルーガンを動かしながら接着剤を出していきます。引き金を離してからグルーガンの先端を横にずらせば、接着剤から引いた「糸」を切ることができます。「糸」は、猫が誤って食べてしまうかもしれません。どんなに短い「糸」であっても、必ず取り除いてください。

4
作業が終わったら、すぐにコードをコンセントから抜いてください。本体が冷めるまでは必ず立てておいてください。

安全に使うために
グルーガンから出てくる接着剤は熱いです！ 作業は必ず猫や子どもの手の届かないところで行ってください。グルーガン本体の先端や、溶けた接着剤を素手で絶対に触らないでください。

BASIC TECHNIQUES ⇢ 基本の作業

P.44〜47

P.48〜51

P.68〜71

2匹以上の猫がいるなら、
みんなが一緒にくつろげる、
お昼寝用の土管や
階段のような
キャットハウスが
おすすめです。

P.72〜75

P.80〜83

P.24〜27

P.34〜36

PROJECTS

⇢ 完成図

段ボールで作る、
20種類のキャットハウスや猫グッズ。
猫も飼い主も喜ぶアイデアが満載です。

創造力をうんと
発揮したいなら、
お城作りがオススメ！

P.20〜23

P.28〜29

P.52〜55

猫のねぐらなら、短時間で簡単に作れます！

P.84〜85

P.60〜61

P.62〜65

P.30〜33

P.56〜59

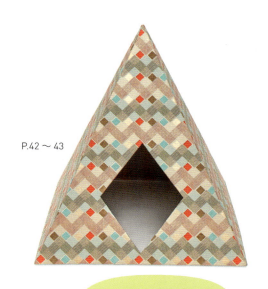

P.42〜43

ピラミッドや幾何学ポッドの中にクッションやブランケットを敷いてあげれば、居心地がさらにアップします。

ぶら下げられる爪とぎは、猫が家具をひっかくのを防いでくれます。

P.66〜67

P.76〜79

P.86〜91

P.38〜41

CASTLE　⟫→　お城

どんな箱でも、猫様の宮殿に早変わり。

道具と材料

- ☐ 段ボール箱
  ：数箱（そのうち何箱かは猫が中に入っても十分なゆとりがある大きさのものを用意してください）
- ☐ 段ボール（細かい細工用）
- ☐ テープ
- ☐ 長めのステンレス定規
- ☐ 鉛筆
- ☐ カッターナイフ
- ☐ 接着剤とグルーガン：両方またはどちらか
- ☐ サイザル麻のより糸：2本
- ☐ 竹串：2本
- ☐ 色画用紙
- ☐ 絵の具と絵筆、包装紙、折り紙など（お好みで）

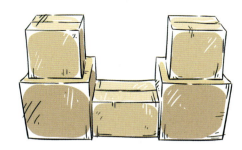

1

箱の蓋はすべてテープで閉じ、作りたい城の大まかな形を決めて、箱を配置する。小さめの長方形の箱があれば、ゲートハウスにちょうどよい。塔は背の高い箱を使うか、正方形の箱を2つ以上重ねて作る。ここでは、ゲートハウスと2つの塔があるシンプルな城を作っていく。

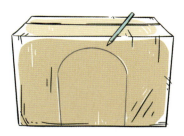

2

ゲートハウスの扉の線を鉛筆で描く。扉は、必ず猫が簡単に通り抜けられる大きさにする。扉両側のラインをまっすぐにしたい場合は、定規を使うとよい。

3

2で描いた線をカッターナイフで切る。扉は、箱の下辺部分を切らずにそのまま残すことで蝶番のように開け閉めできるようにする。扉を前に開いた部分が跳ね橋になる。

4

跳ね橋を引き上げる鎖に見立てたより糸と外壁を接着剤でつなぐ。2本のより糸の先端に接着剤をつけ、跳ね橋左角と入口左側、跳ね橋右角と入口右側の外壁をそれぞれつなぐ。

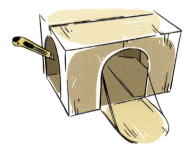

5

ゲートハウスの両側に塔へとつながる出入口を切り抜く。

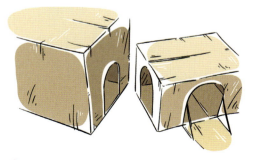

6

塔側にもゲートハウスの出入口と同じ形・大きさの出入口を切り抜く。

7
塔が1階と2階に分かれている場合には、1階の天井と2階の床に同じ大きさの穴を作り、猫が上り下りできるようにする。

8
塔の2階部分にもゲートハウスの出入口と同じ形の出入口を切り抜き、猫が出入りできる穴を設ける。

9
塔に小さい窓を切り抜けば、猫が外を覗くことができる。

10
塔の1階と2階を接着剤で留め、さらにそれをゲートハウスに留め付ける。猫が通れるように、出入口の穴は必ずそろえる。

11
続いて胸壁を作る。細長く切った段ボールの片側の辺を直角の凹凸が連続するよう切り取り、ゲートハウスの上辺と塔の1階・2階の上部4辺に接着剤で留め付ける。

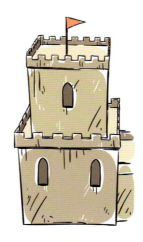

12
仕上げに、竹串を左右の塔の頂部に刺す。色画用紙を切って旗を作り、両方の竹串に貼り付ける。色を塗ったり、包装紙などで飾り付けを行ったりしてもよい。

AIRPLANE

⟶ 飛行機

やんちゃな猫にうってつけ！

道具と材料

- ☐ 段ボール箱（猫が中でゆったり座れる大きさのもの）
- ☐ 段ボール（細かい細工用）
- ☐ カッターナイフ
- ☐ テープ
- ☐ 鉛筆
- ☐ 接着剤とグルーガン：両方、またはどちらか
- ☐ 太めの針金
- ☐ ワイヤーカッター
- ☐ ペンチ
- ☐ 絵の具と絵筆、包装紙、折り紙など（お好みで）

1　飛行機の胴体を作る。箱の蓋部分を短辺1カ所のみ残し、3カ所分切り取る。

2　1で残した蓋の端から2.5㎝部分を短辺と並行に折り曲げる。蓋を閉じ、上図のようにテープで留める。

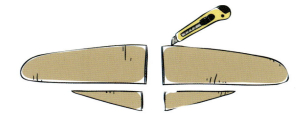

3　箱側面に鉛筆で曲線を下描きし、下描きのラインに沿って切る。箱内部がコックピットとなる。

4　段ボールを切り、翼とそれを支える小さい三角形の板を作る。

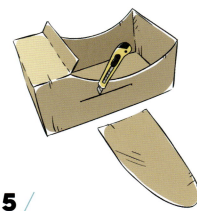

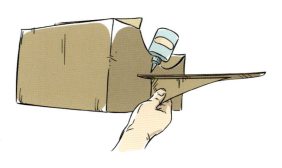

5　胴体側面に翼を嵌める細長い切込みを入れる。

6　翼を**5**の切込みに嵌めて接着剤で留め、**4**で作った三角形の板を翼の下に取り付ける。

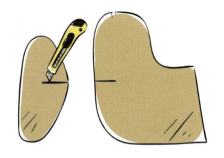
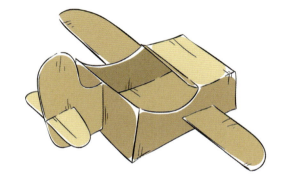

7
続いて、段ボールを切って垂直尾翼と水平尾翼を作る。十字に嵌め合わせられるよう、嵌合部に切込みを入れておく。

8
嵌め合わせた尾翼を接着剤で留め付ける。胴体のうしろ側に縦の切込みを入れ、尾翼を嵌めて接着する。包装紙を貼ったり、色を塗ったりする場合は、このタイミングで行う。

9
プロペラと小さい円板を2枚、段ボールで作る。プロペラに色をつける場合は、このタイミングで着色する。それぞれの部品の真ん中に針金で穴をあける。

10
飛行機（胴体）の正面にプロペラを取り付けるための穴を針金であける。

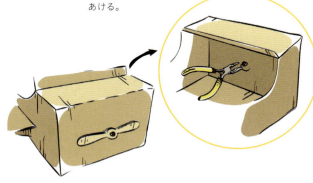

11
9で作ったプロペラと円板を針金に通し、10の穴に針金を差し込む。

12
針金の端をペンチで曲げて、プロペラが外れないように固定して完成。長すぎる場合は針金を切り、長さを調整するとよい。

さあ、あなたの
キャット・パイロットが
冒険に出発するのを
見届けましょう！

27 AIRPLANE　飛行機

CAT HEADQUARTERS »»→ 猫のねぐら

誰の隠れ家か一目瞭然。

道具と材料
☐ 段ボール箱（猫が中に入っても十分なゆとりがあるもの）
☐ 鉛筆
☐ カッターナイフ
☐ 小さめのブランケットまたはクッション

1
猫が好むサイズの箱を用意する。大きすぎず、小さすぎず、猫が中に入ってゆとりをもてるサイズにするとよい。

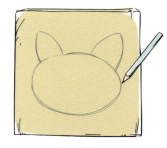

2
鉛筆で、入口を下描きする。ここでは、猫の顔の形をした入口を作る。

3
2の下描きに沿って、カッターナイフで丁寧に切り抜く。

ブランケットや小さいクッション、お気に入りのオモチャを入れれば、あっという間に居心地のいいねぐらの完成ニャン。

FOOD TRUCK

→ フードトラック

猫だってお店を開けるんです。
移動もできる食べ物屋さん、始めました。

道具と材料

☐ 大きめの段ボール箱（蓋を閉めても猫がすっぽり収まるくらいの大きさのもの）
☐ 段ボール（細かい細工用）
☐ テープ
☐ カッターナイフ
☐ 長めのステンレス定規
☐ 鉛筆
☐ 接着剤とグルーガン：両方、またはどちらか
☐ ハサミ
☐ 絵の具と絵筆、またはマーカーペン（お好みで）

1 段ボール箱の蓋をテープで閉じ、片側の角をV字型に切り取る。V字に切り取られた本体部分がフロントガラスとボンネットになる。

2 定規でボンネット部分のサイズを測る。測ったサイズの板を段ボールから切り取り、接着剤かテープで本体に貼り付ける。

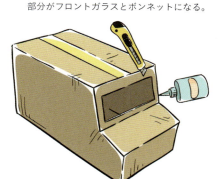

3 2と同様にフロントガラス部分のサイズを測り、段ボールから同じサイズの板を切り取る。中央部を切り抜き、接着剤かテープで本体部分に留め付ける。

4 運転席と助手席の窓を、鉛筆で下描きする。その後、カッターナイフを使って切り抜く。

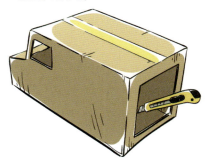

5 トラックのうしろ側を出入口用に大きく切り抜く。穴の大きさは猫がスムーズに出入りできる大きさにする。

6 トラックの側面に接客カウンター用の窓を鉛筆で下描きし、カッターナイフで切り抜く。

31 FOOD TRUCK フードトラック

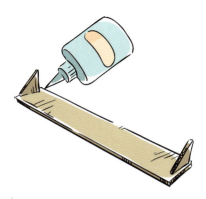

7

接客用カウンターを作る。段ボールを **6** の窓と同じ長辺となるよう細長く切り取る。カウンターの支えとなる直角三角形を 2 枚作り、細長い段ボールの両端に接着剤で取り付ける。

8

続いて日除けを作る。**6** の窓の長辺より少し長い長方形を作り、長辺側から両端 2.5 cm 内側に折り目をつける。片側を波形などに切るとオシャレな雰囲気に仕上がる。

9

もう一方の折り曲げた部分に接着剤をつけ、**6** の窓のすぐ上に貼り付ける。**7** の接客カウンターは、**6** の窓の下辺に接着剤で取り付ける。

10

絵の具やマーカーペンなどを使って色を塗る。売れ筋メニューなどを貼ると雰囲気がでる。

ROUND SCRATCHING PAD

»→ うずまき爪とぎ

猫が家具を引っ掻くのは爪のお手入れをするため。
でも家具を傷つけられるのは困りもの。
あっという間に作れるこの爪とぎで、猫の爪も家具も綺麗に保ちましょう。

道具と材料

☐ 大きめの段ボール：数枚（2層タイプのものがあれば、時間が短縮できます）
☐ 長めのステンレス定規
☐ 鉛筆
☐ カッターナイフ
☐ マスキングテープ
☐ フェルト、または包装紙など
☐ 接着剤
☐ キャットニップ＊（お好みで）
＊和名：イヌハッカ。猫が好む香りのするハーブ

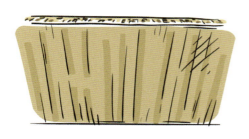

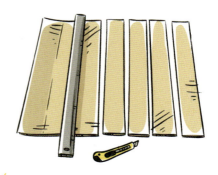

1 / 段ボールの板を定規とカッターナイフを使って幅10cmの縦長に切る。このとき、段ボールの中芯の波形が長辺の断面から見えるように切ると、あとで丸めやすくなる。

2 / 1を繰り返し、同じものを何枚も作る。

3 / まず1枚を手に取って端から丸め、きつく巻き上げる。巻き上がったらマスキングテープで留める。

4 / 3で巻いたものを軸に、どんどん巻き足してはテープで留める作業を繰り返す。好みの爪とぎの大きさになるまで繰り返す。

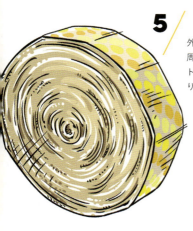

5 / 外周部に、幅10cm×円周の長さに切ったフェルトか包装紙を接着剤で貼り付け、完成。

表面にキャットニップを散らせば、猫は興奮します。キャットニップが段ボールのあいだから床に落ちるのを防ぎたければ、円形に切ったフェルトか包装紙を爪とぎの裏側に貼り付けておくとよいでしょう。

PIRATE SHIP

≫→ 海賊船

航海の旅に、いざ出発。みんなの海を独り占めしよう！

道具と材料

- ☐ 段ボール（船体用）
- ☐ 薄めのボール紙（帆用）
- ☐ 鉛筆
- ☐ カッターナイフ
- ☐ 巻き尺
- ☐ 接着剤とグルーガン：両方またはどちらか
- ☐ マスキングテープ
- ☐ のこぎり
- ☐ 木の丸棒
- ☐ 色画用紙

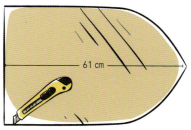

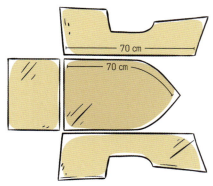

1
船の底になる部分を段ボールに下描きし、切り取る。本書では長さを 61 cmとしているが、猫の大きさに合わせて調整するとよい。

2
船の側面と船尾のパーツを作る。船側面の底辺の長さは、船底の曲線部分の長さにそろえる。船尾の大きさは、船底の底辺の長さ×船側面の高さに合わせる。それぞれ長さを測り、段ボールに下描きをして切り抜く。

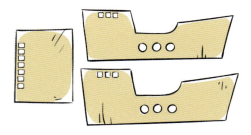

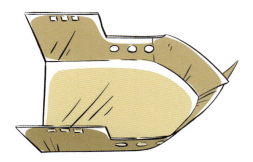

3
2 のパーツに丸窓や手すりなどを切り抜く。

4
側面のパーツを船の底に接着する。

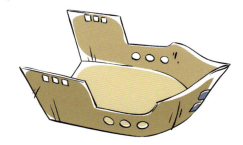

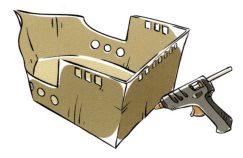

5
船首部分を接着剤でつなぎ合わせる。接着する際、パーツどうしをマスキングテープで留めておくと作業がしやすい。両端がうまく接しない時は、曲げてみるとよい。

6
船尾のパーツを船側面と船底に接着して完成。

段ボールと水、猫と水、
どちらも相性はイマイチ。
やっぱり海に出るより陸に
いるほうが好きだニャー！

7 段ボールで船室の屋根を作る。ぴったりのサイズとなるよう、必ずサイズを測ってからパーツを切り、接着剤で船体に取り付ける。

8 船室の壁を作る。**7**と同じ長辺の長方形を段ボールで作り、屋根面と上端をそろえて垂直に貼る。船室の上半分が隠れる程度が目安。下の隙間には、猫が潜り込める。

9 のこぎりで丸棒を好みの帆柱の長さにカットする。薄めのボール紙を切って帆を作り、丸棒を通せるよう穴をあける。

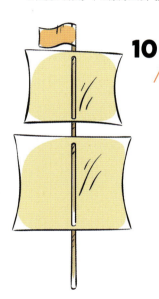

10 **9**で作った帆を丸棒に通し、色画用紙で作ったカラフルな旗を頂部に付ける。

11 帆柱を船室の壁に接着する。船室の屋根に穴をあけ、帆柱を差し込んでもよい。その場合も接着剤で固定が必要。

海賊船に乗って、いざ出発進行！面舵いっぱい！

PYRAMID

→ ピラミッド

やんごとなき猫の、堂々として気品のある佇まい。
この隠れ家なら、きっとあなたの猫も王族気分に浸れるはず。

道具と材料
- □ ボール紙（型紙用）
- □ 段ボール
- □ 長めのステンレス定規
- □ 鉛筆
- □ カッターナイフ
- □ テープ
- □ 接着剤とグルーガン：両方またはどちらか
- □ 絵の具と絵筆、包装紙、折り紙など（お好みで）
- □ 小さめのブランケットまたはクッション

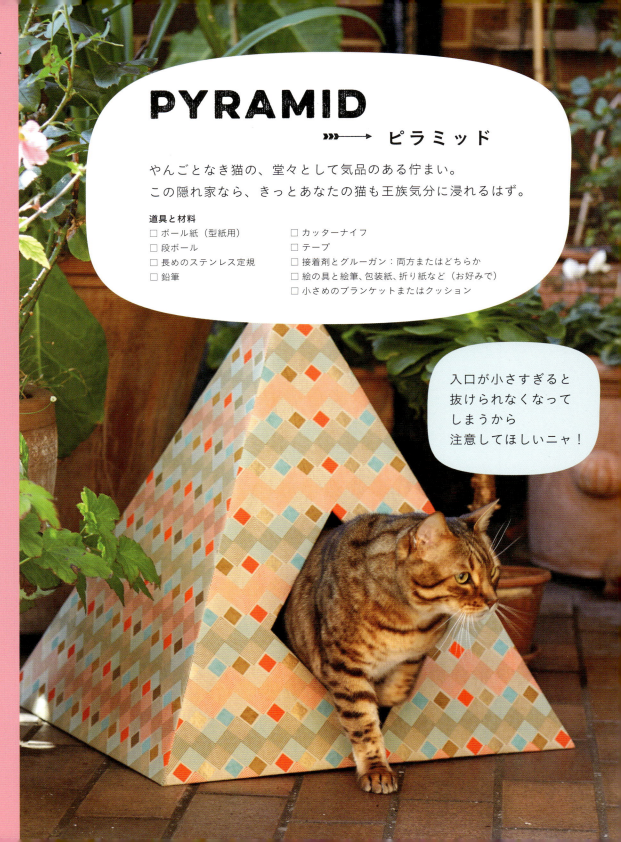

入口が小さすぎると
抜けられなくなって
しまうから
注意してほしいニャ！

43 PYRAMID ▸→ ピラミッド

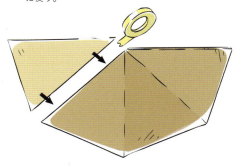

1／ボール紙に二等辺三角形を描く。飼っている猫の大きさにもよるが、等辺の長さが大体61cm程度あればよい。切り抜いて、これを型紙に使う。

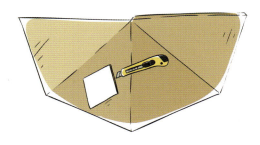

のりしろ

2／大きめの段ボールに型紙をなぞった三角形を4つ描く。三角形はすべてつなげて描くこと。これがピラミッドの壁になる。端の1カ所にはのりしろを描き足す。

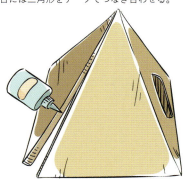

3／2を切り取る。別々の段ボールから切った場合には三角形をテープでつなぎ合わせる。

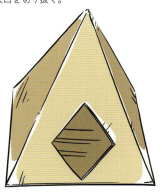

4／三角形の1つに、猫が通り抜けられる大きさの入口を切り抜く。

5／三角形どうしが接する辺に定規とカッターナイフで軽く切れ目を入れ、ピラミッドの形になるように折る。のりしろに接着剤をつけ、隣接する三角形に貼り合わせる。

6／絵の具や包装紙で外側を飾り付けして完成。ブランケットやクッションを添えると猫がゆったりとくつろげる。

CAT CANOPY

⟫⟶ とんがりテント

眩しいお天道様(てんとさま)の下じゃなく、日陰でお昼寝がしたいなら、こちらのテントはいかがでしょうか。

道具と材料
- ☐ 段ボール
- ☐ 長めのステンレス定規
- ☐ 鉛筆
- ☐ カッターナイフ
- ☐ 巻き尺
- ☐ テープ
- ☐ 接着剤とグルーガン：両方、またはどちらか
- ☐ 絵の具と絵筆、包装紙、折り紙など（お好みで）
- ☐ 小さめのブランケットまたはクッション

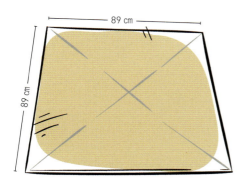

1 段ボールの板を一辺が 89 cm の正方形となるように切り、鉛筆で対角線をまっすぐに引く。

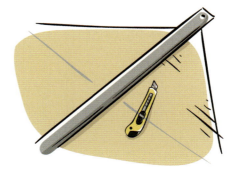

2 長めのステンレス定規とカッターナイフで、線に沿って軽く切れ目を入れる。（完全には切らないのがポイント）

3 **2**を裏返す。裏返した面にも対角線をまっすぐに描き、定規を線に沿って当てた状態で段ボールの端を折り上げる。**2**で切れ目を入れているのできれいに折ることができる。

4 切れ目の入っていない面を上にしたまま、定規を使って各辺の中心に印をつける。辺の中心から左右 18 cm（角から中心に向かって 26.5 cm）の位置にさらに印をつける。これも4辺すべてにつける。

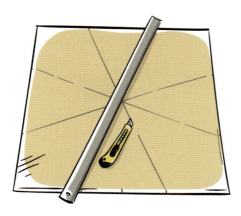

5 左図のように、正方形の中心を通って向かい合う辺の印と印をつなぐ線を、鉛筆でまっすぐに引く。次に定規とカッターナイフで、線に沿って切れ目を入れる。

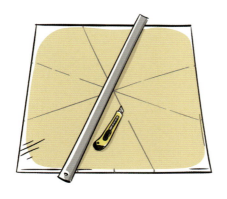

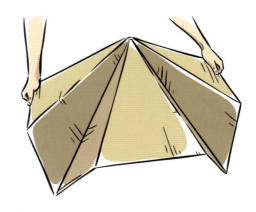

6 / 再度裏返し、**4** と同様に印をつけ、**5** と同様に印をつなぐ線を鉛筆で引く。ただし切込みは入れない。代わりにそれぞれの線に沿って定規を当て、段ボールを折り上げていく。

7 / アコーディオンのように山と谷ができるように折り、正方形の四隅が下を向くようにする。対角線の部分が谷に、辺と辺をつないだ線の部分が山になるように折る。これでテント部分は完成。

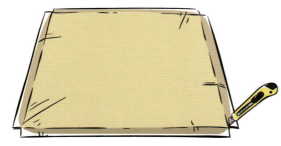

8 / 箱部分を制作する。段ボールを一辺 51 cm の正方形となるように切る。各辺の内側 2.5 cm の位置に辺と平行な線を引き、線に沿って切れ目を入れる。四隅は正方形に切り取っておく。

9 / 縁を折り上げて角をテープで留めれば、浅い箱が出来上がる。

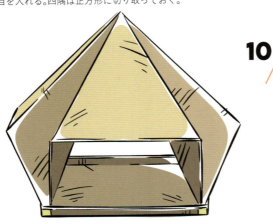

10 / **7** で完成したテントの四隅を、**9** の箱の四隅にはめて接着剤で固定する。好みの飾り付けを行い、中にブランケットかクッションを置けば完成。

NAP TUBES

⟶ お昼寝用の土管

最高のお昼寝スポットは3本の土管！
爪とぎに遊び道具までついている、言うことなしのお昼寝場所です。

道具と材料
- ☐ 直径30.5 cm、長さ122 cmのボイド管
- ☐ 45.5×101.5 cmのフェルト：3枚
  （外側に巻く用）
- ☐ 40.5×96.5 cmのフェルト：3枚
  （内側に巻く用）
- ☐ 太さ6 mm、長さ30 mのサイザルロープ
- ☐ 巻き尺
- ☐ 油性マーカーペン
- ☐ マスキングテープ
- ☐ のこぎりまたはカッターナイフ
- ☐ 接着剤とグルーガン：両方またはどちらか
- ☐ ハサミ
- ☐ 太い縫い針
- ☐ サイザル麻のより糸：少々
- ☐ 小さめのブランケットまたはクッション

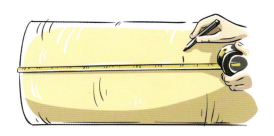

1

ボイド管を3等分に切り分ける。長さ122 cmのボイド管の場合、1本あたり約40.5 cm。筒の端から40.5 cm測ったところに印をつけるのを繰り返し、筒を一周する。

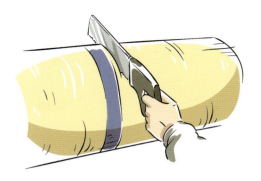

2

1の印をマスキングテープでつないでいき、1本のまっすぐな線が筒を一周するようにする。この線（キリトリ線）に沿って、のこぎりかカッターナイフでボイド管を切る。もう一度同じ作業を行えば、3等分の筒が出来上がる。

3

45.5×101.5 cmのフェルトを、それぞれの筒の外側に貼り付ける。フェルトの両端が筒より2.5 cm余るように貼るのがポイント。

4

余ったフェルトの両端を筒の中に折り込み、貼り付ける。

49 NAP TUBES お昼寝用の土管

5/ 40.5×96.5㎝のフェルトをそれぞれの筒の内側に貼り付ける。長辺が、筒の円周に合わせた長さ。

6/ 3本の筒をそろえて立てる。サイザルロープをきつく巻きつけ、動かないように固く結ぶ。ロープがゆるんだりほどけたりしないように、結び目に接着剤を1滴垂らしておく。

7/ 残りのロープも筒のまわりにきつく巻きつける。ロープを結び、結び目に接着剤をつける。

8/ 7の筒を横にする。上にくる筒の上部に太い針で穴をあけ、より糸を通し、両端をかた結びして紐のおもちゃを作る。ほどけた紐を猫が食べないよう、結び目は固く結ぶ。

> ブランケットやクッションを筒の好きなところに置いて、猫がいろんな格好で寝られるようにしてあげましょう。

COUCH

>>> 寝椅子

このヴィクトリアン調のソファがあれば、
お部屋がいっきに豪華になります。

道具と材料
- ☐ 段ボール
- ☐ 長めのステンレス定規
- ☐ 鉛筆
- ☐ カッターナイフ
- ☐ 接着剤とグルーガン：両方またはどちらか
- ☐ めん棒
- ☐ マスキングテープ
- ☐ 絵の具と絵筆、包装紙、折り紙など（お好みで）

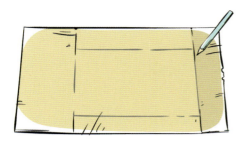 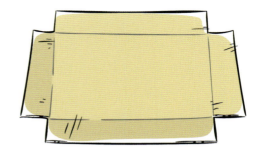

1
段ボールに、寝椅子の座面になる長方形を好きな大きさで描く。

2
各辺のすぐ外側に、幅7.5 cmの長方形を描く。図のような形に切り取る。

3
4つの長方形の外側の辺を、角を残して細長く切り取る。残した角部分が寝椅子の脚になる。

4
脚の部分を折る。段ボールが分厚くてうまく折れないときは、カッターナイフと定規で切れ目を入れてから折るとよい。角を接着剤で留めて、寝椅子の土台を作る。

5
肘かけを作る。座面と同じ幅で、長さが30.5 cmほどの長方形を2枚、段ボールを切って作る。段ボールの中芯の向きが、短い方の辺と平行になるようにすれば、丸めやすくなる。

6

短辺側から真ん中くらいまで段ボールを丸める。めん棒を使えば、丸め始めがらくになる。もう片方の肘かけも同様に作業する。

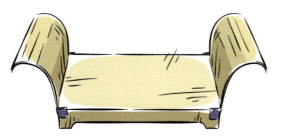

7

肘かけを土台の両側にマスキングテープで仮留めし、見た目のバランスを確認する(両サイドの脚を隠してしまわないように注意)。丸め具合や長さを変えたりして、イメージ通りになるように調整する。

8

満足のいく肘かけが出来たら、接着剤で両側に貼り付け、マスキングテープをはがす。

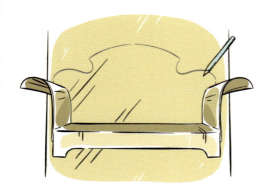

9

大きな段ボールの上に、肘かけのついた土台を寝かせて置き、背もたれの形を下描きする。

10

背もたれを切り取り、ちょうどいい場所に貼り付ける。絵の具や包装紙・折り紙などを貼って、デコレーションする。ブランケットを掛けたり、部屋の家具に合わせてデザインしたりするのもよい。

ENTER-TAINMENT CENTER

⟫→ わくわくボックス

シンプルな収納ボックスに、たくさんの楽しいことを詰め込みました。

道具と材料
- ☐ 蓋付きの収納ボックス：2箱
- ☐ 段ボール（爪とぎ台とおもちゃ用）
- ☐ トイレットペーパーの芯
- ☐ 鉛筆
- ☐ カッターナイフ
- ☐ 接着剤とグルーガン：両方またはどちらか
- ☐ ハサミ
- ☐ 色画用紙
- ☐ 太い縫い針
- ☐ サイザル麻のより糸
- ☐ 既製や手作りの猫用おもちゃなど（お好みで）

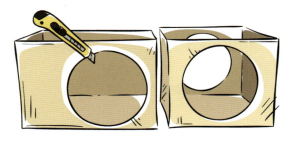 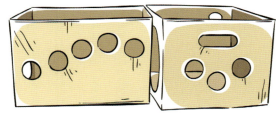

1
収納ボックスの側面に猫が通り抜けられる大きさの穴を切り抜く。1つの箱に出入口を2つあけ、トンネルのようにしてもよい。

2
出入口のない面に、のぞき穴や窓を切り抜く。

 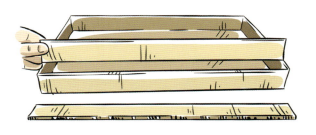

3
箱を重ねた際に下側にあたる箱の蓋と胴体を接着剤で固定する。さらに、固定した蓋の上面に接着剤をつけ、上側にあたる箱の胴体も固定する。

4
2段目の箱の蓋を使って、爪とぎ台を作る。段ボールを切り、蓋と同じ深さ×長さの細長い紙片を大量に作る。

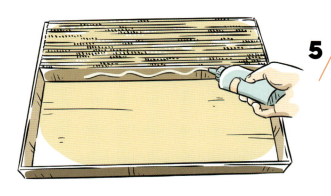

5
2段目の箱の蓋を裏返し、蓋の内側に**4**で作った紙片を接着剤で貼り付けていく。蓋の内側がすべて埋まれば、爪とぎ台が完成する。

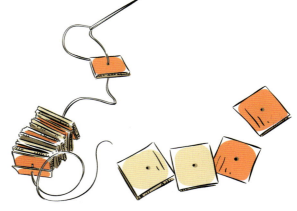

6
5で作った爪とぎ台を2段目の箱の上に接着剤で固定する。

7
続いて、猫用のおもちゃを作る。段ボールや色画用紙を切り、小さな紙片をたくさん作る。上図では、四角形としているが、思い浮かぶどんな形でも構わない。縫い針で紙片に穴をあけ、より糸を通す。

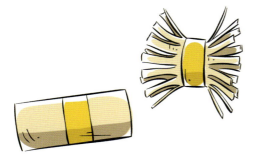

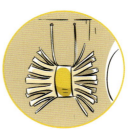

8
細長く切った色画用紙をトイレットペーパーの芯の真ん中に巻いて貼り付ける。芯の両端に切込みをたくさん入れ、外側に広げる。

9
7と**8**で作ったおもちゃを、より糸で箱に取り付ける。縫い針で穴をあけて糸を通すか、窓に通して結ぶなどするとよい。

10
猫お気に入りのおもちゃなどがあれば、ボックス内に入れるとよい。箱は、色画用紙で仕上げる。

HOUSE
⇛→ 猫のおうち

段ボールにほんの少し手を加えるだけで、
居心地のいい猫のおうちの完成です。

道具と材料
☐ 大きめの段ボール箱
　（猫が中に入ってゆったり
　　くつろげる大きさのもの）
☐ 段ボール（屋根用）
☐ テープ
☐ 鉛筆
☐ カッターナイフ
☐ 長めのステンレス定規
☐ 接着剤とグルーガン
　：両方またはどちらか

61 HOUSE 猫のおうち

1

段ボール箱の底はテープで留める。上の蓋は開けたままにしておく。

2

猫が簡単に通れるくらいの大きさの入口を切り抜く。

3

箱の側面すべて、または3面に、窓を切り抜く。

4

入口側の蓋を三角形に切る。長辺の中点から左右斜め下の角に向かって直線を引き、カッターナイフで切ると美しい三角形になる。反対側も同じ作業を行えば、屋根の輪郭ができる。

5

側面の蓋を4の三角形に沿うよう内側に折り、テープで留める。

6

続いて、屋根を作る。屋根の輪郭の頂点から片方の斜辺の長さを測り、斜辺の2倍の長さ×箱の側面の長さの長方形を段ボールの板に下描きする。さらにその2.5cm外側に一回り大きな長方形を描き、屋根の跳ね出し部分を作る。この外側の長方形に沿って段ボールを切る。ステンレス定規とカッターナイフを使って、屋根を半分に折るための切れ目を入れる。4で作った輪郭に屋根を接着剤で留め付ければ、猫のおうちが完成する。

ROCKET
»»» → ロケット

さあ、ロケット打ち上げの準備が整いました。宇宙飛行船キャットが遥か彼方の宇宙に足跡を残してきてくれることでしょう。

道具と材料
☐ 正方形の段ボール箱：3箱（すべて同じサイズのもの）
☐ 段ボール（細かい細工用）
☐ テープ
☐ 鉛筆
☐ 長めのステンレス定規
☐ カッターナイフ
☐ 接着剤とグルーガン：両方またはどちらか
☐ ハサミ
☐ 絵の具と絵筆、マーカーペン、包装紙や折り紙など（お好みで）

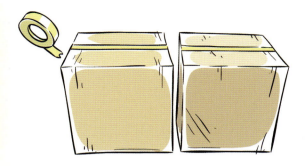

1 2つの箱の、蓋と底をテープで閉じる。

2 **1**の箱のうち、一方に猫が簡単に通れるサイズの入口を切り抜く。この箱がロケットの土台となる。

3 続いて、ロケットの尾翼を作る。段ボールの板を切り、土台の箱と同じ高さの直角三角形を4枚作る。この時、長辺の一部につまみを作っておく（つまみは**5**の工程で土台に差し込む）。

4 土台の箱（**2**の箱）の角すべてに細長い切込みを入れる。切込みは**3**で作った尾翼のつまみと同じ高さとする。

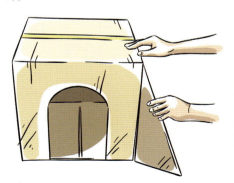

5 尾翼のつまみを**4**の切込みに差し込み、接着剤で固定する。

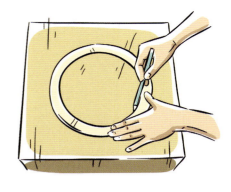

6 段ボールの板に、窓にしたい大きさの円を描く。さらに円の 2.5 cm 外側に、もう 1 つ円を描き、図のように切り抜いて窓枠を作る。

7 上に載せる箱の側面に窓枠を当て、枠の内側をなぞり、窓の形を下描きする。

8 下描きに沿って窓を切り抜き、**6** の窓枠を接着剤で貼り付ける。

9 **5** の箱の上に **8** の箱を載せ、接着剤かテープで固定する。

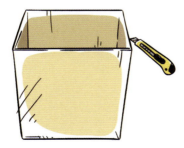
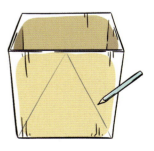

10 3 つ目の箱の底をテープで閉じ、蓋を切り取る。

11 側面の縁の中心に印をつけ、そこから左右斜め下の角に向かって直線を引く。残りの面も同様の作業を繰り返す。

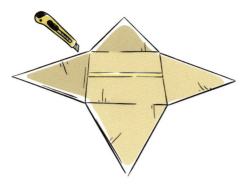

12

箱の角をすべて切り、側面を開いて平らにする。**11**で線を引いた面が上になるよう裏返し、ステンレス定規とカッターナイフで線に沿って切ると、4つの三角形ができる。

13

三角形部分を折り畳み、接する辺をテープで固定すればロケットの先端ができる。

14

13を接着剤かテープでロケットの胴体（**9**の工程）に固定したら、絵の具や折り紙、ペンなどで色づけをして完成。

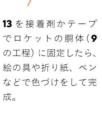

HANGING SCRATCHING PAD
→ ぶら下げられる爪とぎ器

両面が爪とぎになっているので、片方がすり減っても、
ひっくり返せばまだまだ使えます。

道具と材料
- □ 厚めの段ボール
- □ 太さ6mmのサイザルロープ：15.25m
- □ 長めのステンレス定規
- □ 鉛筆
- □ カッターナイフ
- □ グルーガン
- □ 木工用ボンド
- □ ハサミ

ドアノブに
ぶら下げるだけでも
使えるニャ！

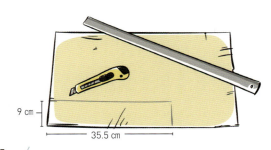

1

35.5 cm×9 cmの長方形を定規で測り、段ボールの板から切り取る。

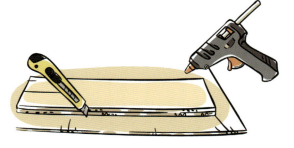

2

1の長方形を接着剤で段ボールの板に貼り付け、同じサイズでもう一度切り取り、厚さ2倍の長方形を作る。厚さ2 cmの長方形ができるまで、同様の作業を繰り返す。

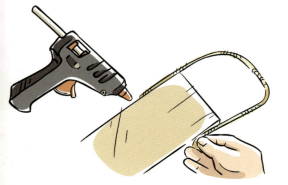

3

ロープを30.5 cm切る。グルーガンを使って、ロープの両端を2の板の両側先端近くに貼り付ける。このロープが取手になる。

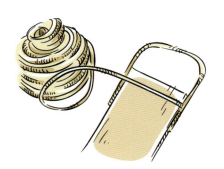

4

グルーガンを使い、残ったロープの片端を段ボールの板の先端近くに貼り付ける。この工程により、ロープの端がずれることなく、残りのロープを段ボールに巻きつけることができる。

5

4で留め付けたロープを、隙間ができないように板にきつく巻きつけていく。都度木工用ボンドで固定し、たるまないようにする。

6

段ボールの端までロープを巻いたら、最後の1周をグルーガンで接着し、残ったロープを切る。木工用ボンドが完全に乾けば完成。

HANGING SCRATCHING PAD ぶら下げられる爪とぎ器

PLEATED TUNNEL
»»→ じゃばらトンネル

猫も驚く不思議な形……。でも、作るのは意外と簡単なんです。

道具と材料
- ☐ 段ボール（最低でも一辺76cmの正方形を作れるもの）
- ☐ 適当な大きさの段ボール（土台用・お好みで）
- ☐ 長めのステンレス定規
- ☐ 鉛筆
- ☐ カッターナイフ
- ☐ 巻き尺
- ☐ 接着剤（土台を設ける場合のみ）

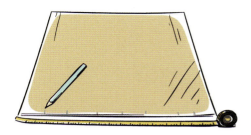

1

段ボールの板を切って、一辺が 76 cmの正方形を作る。正方形の一辺を 8 等分する印を、向かい合う 2 つの辺に描き、直線でつなぐ。ステンレス定規とカッターナイフを使い、線に沿って軽く切れ目を入れる。裏まで完全に切ってしまわないよう注意が必要。

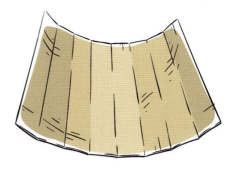

2

1を裏返し、切れ目を入れた線に沿って折っていく。折り目をしっかりつけ、8 つの区切りを明確にする。

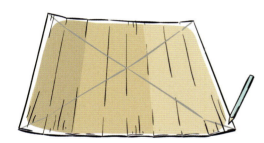

3

折り目となる線を鉛筆で下描きする。正方形の中心を通る対角線を 2 本まっすぐに引く。

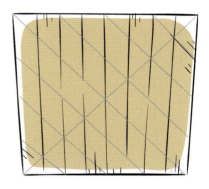

4

左から 2、4、6 番目の線と上辺の交点から、右斜め下 45 度の方向に直線を引く。今度は、同じく左から 2、4、6 番目の線と下辺の交点から、左斜め上 45 度の方向に直線を引く。

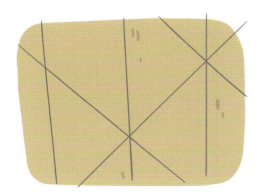

3の工程で引いた大きな「X」の線と、**4**の工程で引いた斜めの線が交わったところに、さらに「X」の文字ができているはずです。

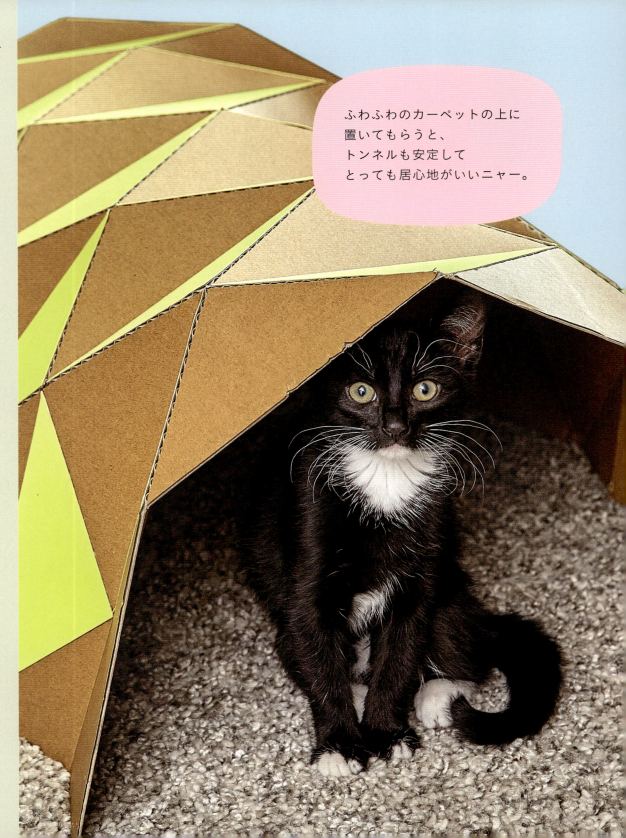

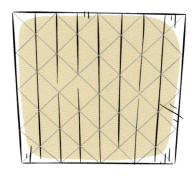

5

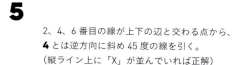

2、4、6番目の線が上下の辺と交わる点から、4とは逆方向に斜め45度の線を引く。
（縦ライン上に「X」が並んでいれば正解）

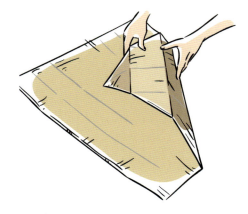

7

6を裏返し、端から折り曲げる。切れ目を入れた線に沿ってしっかりと折っていく。

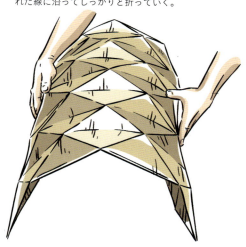

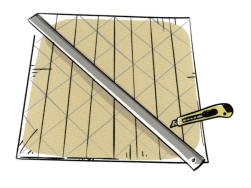

6

3～5で引いた線に折り目をつけるため、ステンレス定規とカッターナイフで浅い切れ目を入れる。裏まで切らないよう注意。

8

7を再度裏返し、「X」に切れ目を入れた面を上に向ける。1で引いた縦線と平行となる辺を、両側からゆっくりと持ち上げる。トンネルを作るには、線が交差する点が、すべて上を向くようにし、段ボールをうまくカーブさせる必要がある。

9

トンネルの両側面の辺を、少し内側に押し込んで、形を安定させる。カーペットの上に置いた際にはトンネル型で自立でき、収納する際には平らに戻せるのが理想的であるが、段ボールの土台を作り、形が変わらないようトンネルを接着剤で固定してもよい。

1
運転室にする箱を決め、蓋と底を閉じて接着剤で留める。閉じたら、縦長になるように置く。

2
もう1つの箱は車両の先頭部分になる。底を閉じて接着剤で留め、カッターナイフで上部の四隅に5cmの切込みを入れる。

LOCOMOTIVE

>>> → 機関車

この機関車の運転手はだあれ？
もちろんあなたの猫です。
どこまでも続く鉄道の旅に出かけましょう。

道具と材料
- 長方形の段ボール箱：2箱
  （幅が同じで、猫が中に入っても十分なゆとりがあるもの）
- 段ボール
- トイレットペーパーの芯
- 接着剤とグルーガン
  ：両方またはどちらか
- カッターナイフ
- 長めのステンレス定規
- 鉛筆

3 箱の長辺の蓋を閉じ、接着剤で固定する。短辺の蓋は、両方とも同形のアーチ型に切り取る。

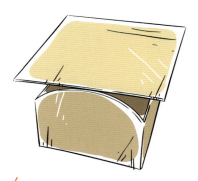

4 車両の屋根を作る。段ボールの板を、中芯の向きが箱の長辺と平行となるように置き、箱の長辺×(箱の短辺+5cm)の長方形に切り取る。

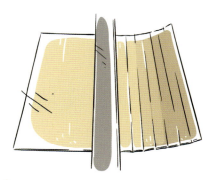

5 ステンレス定規を使い、段ボールの長辺と平行になるように、2.5cm間隔の折り目をつけていく。

6 折り目をつけた段ボールは、グルーガンを使って箱の片側から蓋のカーブに沿って接着していく。

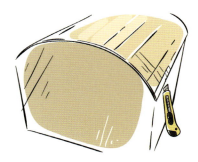

7 段ボールを反対側まで貼り付け、端が余った場合は切りそろえる。

8 トイレットペーパーの芯を、カーブした屋根の上に接着剤で貼り付け、煙突に見立てる。

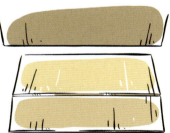

9 / 続いて、車両の先端に付ける排障器を作る。段ボールを縦18cm×車両の幅より少し短い長さの長方形に切り、図のように手前から7.5cmのところに切込みを入れ、折り目をつける。

10 / 折り目から上の部分（残りの10.5cmの部分）は、細い長方形をいくつか切り抜いて柵状にする。

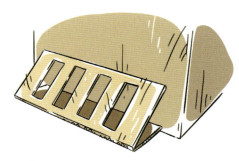

11
端を折りたたみ、接着剤で車両の先端に取り付ける。

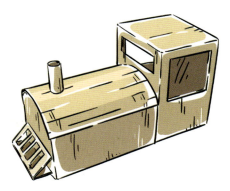

12
運転室の正面と両側面に窓を作る。**1**の箱を**11**で取り付けた排障器の反対側にあてがい、窓の位置を決め、切り抜く。

13
運転室のうしろ側に、猫が簡単に出入りできる大きさの入口を切り抜く。

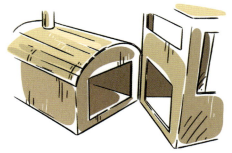

14
先頭車両と運転室が接する面の両方に、大きさが同じ出入口を切り抜く。これで、猫が居心地のいい先頭車両へと潜れるようになる。

15
先頭車両と運転室を接着剤でつなぎ合わせる。必ず出入口の穴が一致するように固定する。

16
段ボールで車輪を作る。先頭車両用に4つ、それより大きいものを運転室用に2つ、段ボールから切り取り、接着剤で車体に貼り付ければ完成。

75 LOCOMOTIVE 機関車

GEO POD

⟫⟶ 幾何学ポッド

この幾何学的多面球体の中に入れば、
きっとあなたの猫の多面性とキュートな面を引き出せるはず。

道具と材料

- ☐ 正方形の段ボール箱（猫が中に入っても十分なゆとりがあるもの。目安は一辺 40.5 cm程度）
- ☐ 段ボール
- ☐ 接着剤
- ☐ 長めのステンレス定規
- ☐ 鉛筆
- ☐ カッターナイフ
- ☐ 絵の具と絵筆、包装紙や折り紙など（お好みで）
- ☐ 小さめのブランケットまたはクッション

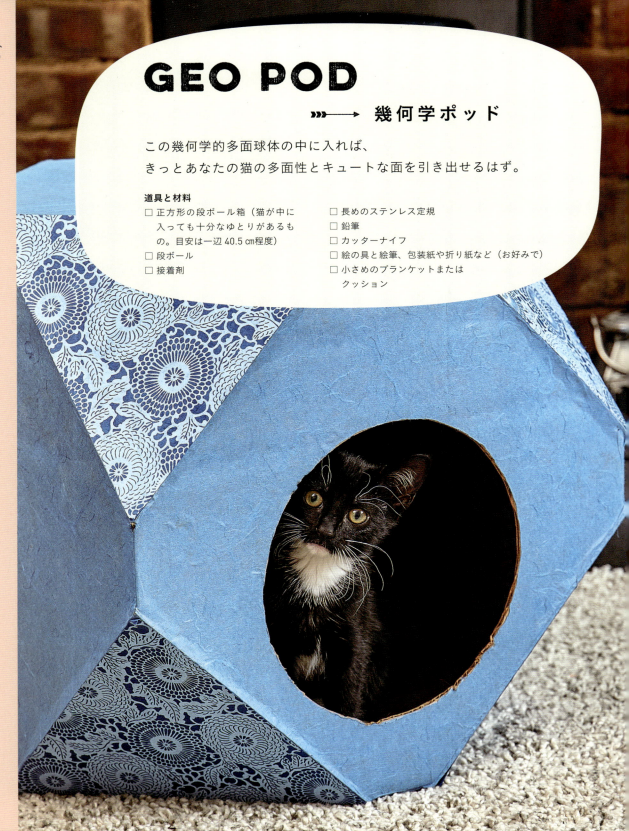

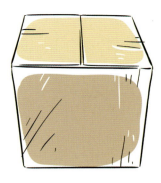

1 段ボール箱の蓋を閉じて接着剤で留める。

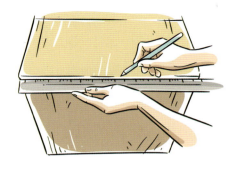

2 すべての辺（12辺）に印をつけていく。印は、各辺の中点から左右2.5㎝の位置につける。

3 上図のように印と印を線でつなぎ、箱の角に三角形を描く。

4 ステンレス定規とカッターナイフを使い、箱の上半分の四つ角にできた三角形を切り取る。（ここで8つの角すべてを切ると、安定が悪くなって作業がしづらくなるので注意）

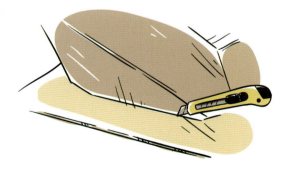

5 角を切り取った部分を段ボールの板に当て、縁をなぞり下描きする。

6 下描きを切り取った三角形を、角のあいている部分にあてがい、接着剤で貼り付ける。

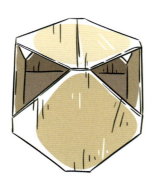
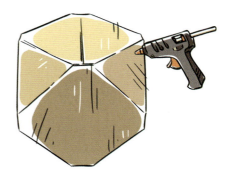

7
箱をひっくり返し、残りの四つ角を切り取る。

8
5・6と同様の作業を行う。

9
正面に猫がスムーズに出入りできるくらいの大きな丸を切り抜けば、完成。中にクッションやブランケットを入れる、外観に色をつける、窓を切り抜くなどアレンジを加えてもよい。

79 GEO POD 幾何学ポッド

STEPPED CONDO
⇒ 階段みたいなおうち

立派な3階建てのおうちに引っ越しませんか？
住み心地がいいのはもちろんのこと、
爪とぎができる柱までついているので、文句なしの物件です。

道具と材料
- □ 段ボール箱：3箱（どれも猫が中に入って十分なゆとりがあるもの）
- □ 郵送用の紙管（最低でも段ボール箱を3つ積み重ねた高さと同じ長さのもの）
- □ 太さ6mmのサイザルロープ：30m
- □ グルーガン
- □ テープ
- □ 巻き尺
- □ マスキングテープ
- □ 鉛筆
- □ のこぎりまたはカッターナイフ
- □ 木工用ボンド
- □ 絵の具と絵筆、マーカーペン、色画用紙など（お好みで）

1
段ボール箱の蓋と底を、グルーガンかテープを使って閉じる。閉じたら3つの箱を積み重ねる。

2
紙管の長さを決める。紙管の長さは、積み重ねた箱の高さを測り、そこから一番上の段ボールの蓋の厚さ分(約6mm)を引いた長さ。

3
必要な長さを測って紙管に印をつける。印は筒を一周するように数カ所につける。マスキングテープで印をつなげば、キリトリ線ができる。小さめののこぎりかカッターナイフで、この線に沿って筒を切る。

4
積み重ねたときに一番上になる段ボール箱を手に取り、裏返す。短辺沿いの中心に紙管を当て、縁を鉛筆でなぞり、なぞってできた円を切り抜く。

5
グルーガンを使い、切った紙管の縁に接着剤をつけ、切り抜いた箱の穴に差し込む。紙管の先が箱の蓋に当たるまで、しっかり差し込み、紙管と箱の穴との隙間もグルーガンで埋める。

81 STEPPED CONDO 階段みたいなおうち

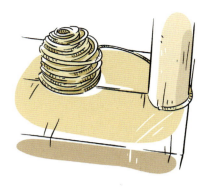

6 グルーガンでサイザルロープの片端と紙管・箱の取り合い部を接着する。これにより、木工用ボンドを塗って残りのロープを巻きつけていく間、ロープの端がずれなくて済む。

7 紙管と箱との取り合い部から、数cmの高さまで木工用ボンドを塗る。ロープと段ボールの接着には、グルーガンより木工用ボンドの方が向いているが、乾くのには時間がかかる。ボンドを塗った部分にロープを巻きつけ、一周巻くたびにロープを引っ張り、先に巻いた列との間に隙間ができないように注意する。

8 木工用ボンドを塗ってロープを巻いていく作業を、紙管の端まで繰り返す。ロープの余った部分を切り、先端をグルーガンで固定すれば、爪とぎ柱が完成。

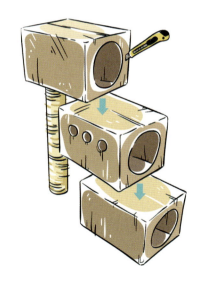

9 3つの箱それぞれの正面に、猫がらくに出入りできる大きさの入口を切り抜く。必要に応じて、窓を切り抜く。爪とぎ柱を下にして、箱を階段の段々のように積み重ねる。

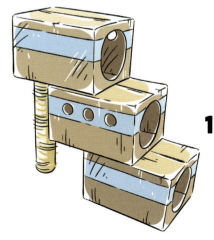

10 重ねたら接着剤で固定し、絵の具やマーカーペン、カラフルな色画用紙などで、デコレーションすれば完成。

SCRAP SCRATCHING POST ⟶ 段ボールの爪とぎポール

段ボールの切れ端で作るのは、エキゾチックなオブジェ……ではなく、猫の爪とぎ。思う存分ガリガリさせて、ピカピカの爪を保ちましょう。

道具と材料
- ☐ 30.5 ㎝四方の合板
- ☐ 76 〜 81.5 ㎝の木の丸棒
  （直径 1.3 ㎝以上のもの）
- ☐ 小さく切った段ボールの板を
  たくさん
- ☐ ドリルとドリルビット
  （ビットの直径は木の丸棒とそろえる）
- ☐ 木工用ボンド
- ☐ 長めのステンレス定規
- ☐ 鉛筆
- ☐ カッターナイフ

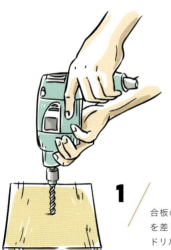

1 合板の真ん中に、丸棒を差し込むための穴をドリルであける。

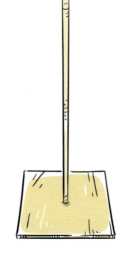

2 丸棒を穴に差し込み、ボンドで固定し、完全に乾くまで放置する。

3 段ボールの板に碁盤の目状に線を引き、10cm四方の正方形を9つ作る。カッターナイフかドリルを使い、それぞれの正方形の中心に、丸棒の太さと同じ大きさの穴を切り抜く。

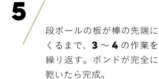

4 正方形に切った段ボールの板を丸棒に通し、1枚1枚ボンドで貼り合わせていく。その際、まっすぐに貼り合わせてもよいし、少しずつずらして螺旋状にしてもよい。

5 段ボールの板が棒の先端にくるまで、**3〜4**の作業を繰り返す。ボンドが完全に乾いたら完成。

85 SCRAP SCRATCHING POST 段ボールの爪とぎポール

SUBMARINE

>>> → 潜水艦

これさえあれば、海底探検も夢じゃない！　もちろん、中でお昼寝するだけでもいいんです。きっといい夢がみられるはず……

道具と材料
- □ 正方形の段ボール箱（猫が中でゆったりくつろげる大きさのもの）
- □ 段ボール
- □ 正方形に近い小さめの紙箱（ギフトボックスなど）
- □ トイレットペーパーの芯：2本
- □ 薄めのボール紙（スクリュープロペラ用）
- □ 長めのステンレス定規
- □ 鉛筆
- □ カッターナイフ
- □ 接着剤とグルーガン：両方またはどちらか

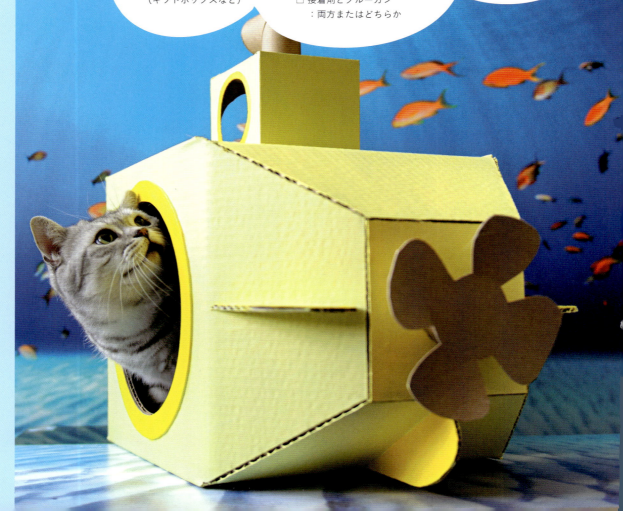

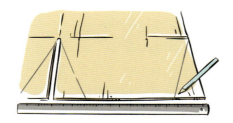

1

段ボール箱の蓋を開き、折りたたんで平らにする。それぞれの蓋に対して、両角から7.5cmの箇所に印をつけ、その印とその印に最も近い蓋の付け根の角を線で結ぶ。

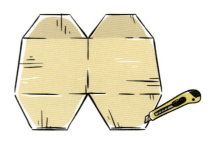

2

線を引いてできた三角形を、カッターナイフとステンレス定規を使って切り取る。8枚の蓋すべてで同じ作業を行う。

3

段ボール箱を広げ、片側の蓋4枚の縁が互いにくっつくまで折り込む。境目を接着剤でつなぎ合わせ、反対側の蓋4枚も同様の作業を行う。

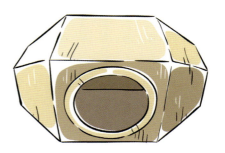

4

箱の一面にだけ、丸い穴を切り抜く。次に段ボールの板に、穴と同じ大きさの丸を描き、さらにそのまわりに一回り大きな丸を描く。線に沿って切り取り、箱の穴に合わせて接着剤で貼り付ければ、窓枠が出来上がる。

5 潜水艦の両端にあいている四角形と同じ大きさの四角形を段ボールで作り、潜水艦の両端に接着剤で貼り付けて穴を塞ぐ。

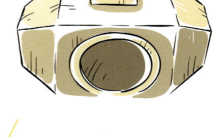

6 小さめの紙箱を、潜水艦の上部中央に置く。紙箱の形を潜水艦になぞり描く。

7 なぞり描きした紙箱の輪郭の少し内側を切り抜き、潜水艦の上部に四角い穴をあける。

8 紙箱の底を、縁を少し残して四角く切り抜く。

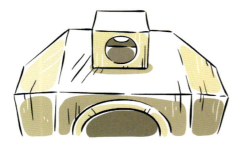

9 紙箱の側面３面に丸い窓を切り抜く。次に、**7**と**8**で四角く切り抜いた部分がそろうように、接着剤で紙箱を潜水艦の上部に固定する。

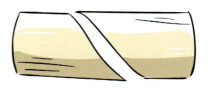

10 １本のトイレットペーパーの芯を、真ん中で斜め45度に切る。

11

切断面どうしを合わせ、L字型に接着剤で留める。筒の穴が正面を向くようにして紙箱の上部に接着剤で固定すれば、潜望鏡ができる。

12

段ボールの板を切って3つの舵を作る。潜水艦の両側面うしろ寄りに1つずつ、裏側に1つ、接着剤で取り付ける。

13

プロペラを作る。トイレットペーパーの芯を薄めのボール紙に当て、筒の形をなぞり、その円のまわりに4つの羽根を描き切り抜く。

14

それぞれの羽根の左側をひねって丸め、扇風機の羽根のような形に整えればプロペラが完成する。

15

トイレットペーパーの芯を短く輪切りにし、プロペラの中心に接着剤で貼り付ける。プロペラを付けたトイレットペーパーの芯を、潜水艦の後部中央に接着剤で取り付ける。

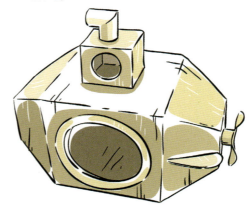

16

好きな色に塗って完成。

91 SUBMARINE 潜水艦

▶▶▶→ 登場してくれた猫たち

APU
アープー
～～～
飼い主
クララとスティーヴン
p.29、42

HOLLY
ホリー
～～～
飼い主
クレア・アーシー
p.34、95

ANNELIS
アネリス
～～～
飼い主
スーザン・マーシャント
p.79（右上）、86

HUCKLEBERRY
ハックルベリー
～～～
飼い主
クレア・アーシー
p.4（上）、11、49、50
（上）、63

BELLE
ベル
～～～
飼い主
スーザン・マーシャント
p.4（下）、19、79（左上）、
87（中央）、90

JASPER
ジャスパー
～～～
飼い主
クレア・エイブラハムズ
p.72、74、84

GRACIE
グレイシー
～～～
飼い主
クレア・アーシー
p.48、65（下）

JASPER
ジャスパー
～～～
飼い主
キャサリン・ショーン
p.23、44、68

HATTIE
ハティー
～～～
飼い主
トレーシー・コボルド
p.5、6、30、33、52、
55

KENZO
ケンゾー
～～～
飼い主
カーラ・マクファーレン
p.2、15、58、60

本書籍の作成にあたり、モデルをつとめてくれた猫たちとその飼い主の皆様に、厚く御礼申し上げます。
そして、さまざまな創意工夫のアイデアを提供し、根気強くカメラを構えてくれた、カメラマンのリズ・コールマンとフィル・ウィルキンズのおふたりにも、心より感謝申し上げます。本当にありがとうございました。

LINK & LYRIC
リンクとリリック

飼い主
ロージー・ブレア
p.66、80、82

PERCY
パーシー

飼い主
キャサリン・ショーン
p.20、23、47

SALAZAR
サラザール

飼い主
アリス・パーキンソン
p.6（上）、70、76、78

REMY
レミー

飼い主
ミシェル・マーシャント
p.37

LUNA
ルナ

飼い主
アリックス・テーラー
p.24

SOKKIE
ソーキー

飼い主
ロネル・オーバーホアイザー＝レイン
p.10、38、40、56

LITTLE H
リトル・H

飼い主
クレア・アーシー
p.36、50（下）、62、65（上）、96

ROMANA
ロマーナ

飼い主
スカーレット・ウォード
p.3、4（中央）、18、27（上）、28

ORPHELIA
オフィーリア

飼い主
スーザン・マーシャント
p.12、79（上部中央、下）、87（左、右）

VIVI
ビビ

飼い主
アリックス・テーラー
p.17、27（下）

INDEX

あ
うずまき爪とぎ	34-36
絵の具	9
絵筆、はけ	11
鉛筆	9
お城	20-23
お昼寝用の土管	48-51
折り目をつけてから折る	13
折り目をつける	13
折る	13

か
海賊船	38-41
階段みたいなおうち	80-83
カッターナイフ	10
カッターナイフで切る	13
紙	9
完成図	16-19
幾何学ポッド	76-79
機関車	72-75
木の丸棒	9
グルーガン	10
グルーガンの使い方	15
合板	9

さ
サイザルロープ	9
材料	8-9
作業	12-15
紙管の切り方	14
じゃばらトンネル	68-71
定規	10
ステンレス定規	10
接着剤	9
潜水艦	86-91

た
竹串	9
段ボールの爪とぎボール	84-85
段ボール／箱	8
段ボール	8
小さめの紙箱	9
テープ	9
トイレットペーパーの芯	9
道具	10-11
ドリルとドリルビット	11
とんがりテント	44-47

な
長めのステンレス定規	10
縫い針	11
寝椅子	52-55
猫について	6-7
猫のおうち	60-61
猫のねぐら	28-29
のこぎり	10

は
ハサミ	10
針金	9
飛行機	24-27
ピラミッド	42-43
フードトラック	30-33
フェルト	9
太めの針金	9
ぶら下げられる爪とぎ器	66-67
ペンチ	10
ボイド管、紙管	9
包装紙や折り紙、色画用紙など	9
ボール紙、厚紙	8

ま
- マーカーペン ……………… 9
- 巻き尺 …………………… 10
- 無害な絵の具 ……………… 9
- 無害な接着剤、のり ……… 9
- 無害なマーカーペン ……… 9
- めん棒 …………………… 11

や
- より糸 …………………… 9

ら
- ロケット ……………… 62-65

わ
- ワイヤーカッター ………… 10
- わくわくボックス ……… 56-59

本書籍の作成にあたり、写真提供を快諾してくださった以下の方々に、この場を借りて御礼申し上げます。

Lubava, Shutterstock.com　p.1、17(下)
Ermolaev Alexander, Shutterstock.com　p. 8

上記以外の写真・図の著作権は、すべてQuarto Publishing plcに帰属します。本書籍の制作にご協力いただいた方々の明示には万全を期しましたが、万が一記載漏れや誤りなどがございましたら、お詫び申し上げるとともに、改訂版にて訂正いたします。

翻訳協力／株式会社トランネット
装丁・デザイン／細山田デザインオフィス

手作りネコのおうち

2017年9月26日　初版第１刷発行

著者：カリン・オリバー
訳者：山田ふみ子

発行者：澤井聖一
発行所：株式会社エクスナレッジ
〒106-0032　東京都港区六本木7-2-26
http://www.xknowledge.co.jp

【問合せ先】
編集　TEL：03-3403-1381
　　　FAX：03-3403-1345
　　　info@xknowledge.co.jp
販売　TEL：03-3403-1321
　　　FAX：03-3403-1829

【無断転載の禁止】
本書掲載記事(本文、図表、イラスト等)を当社および著作権者の承諾なしに無断で転載(翻訳、複写、データベースへの入力、インターネットでの掲載等)をすることを禁じます。

HANGOUTS AND DENS FOR YOUR CAT
Copyright © Marshall Editions
Japanese translation rights arranged with Marshall Editions Ltd. through Japan UNI Agency, Inc., Tokyo
Printed in China